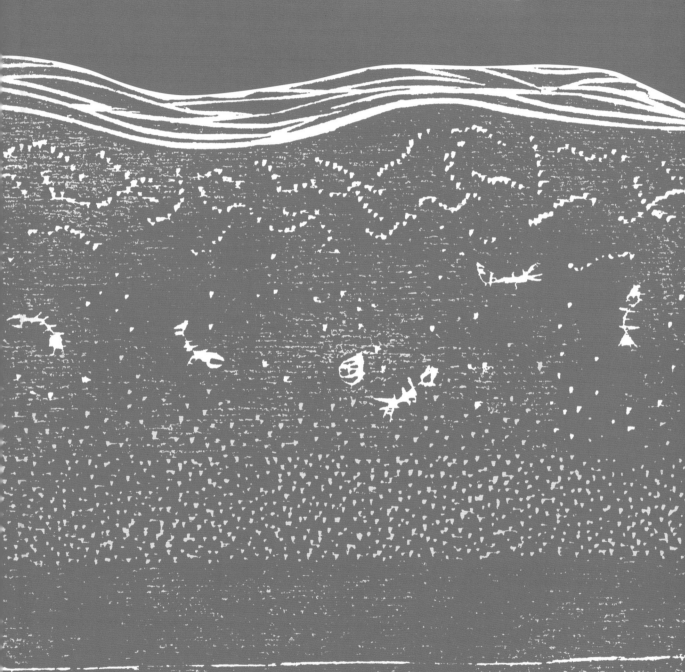

**大河内直彦**

1966 年生于日本京都，理学博士，先后在京都大学、北海道大学、美国伍兹霍尔海洋研究所工作，现任职于日本海洋研究开发机构。

**山福朱实**

生于日本北九州。1987 年开始创作插画，2004 年开始创作木版画。绘本作品有《沙漠城市和番红花酒》《地球和宇宙的故事》等。

TALE OF PETROLEUM

Text © Naohiko Ohkouchi 2017

Illustrations © Akemi Yamafuku 2017

Originally published by FUKUINKAN SHOTEN PUBLISHERS, INC., Tokyo, Japan, in 2017

Under the title of SEKIYU NO MONOGATARI

The Simplified Chinese translation rights arranged with FUKUINKAN SHOTEN PUBLISHERS, INC., Tokyo

through DAIKOUSHA INC., KAWAGOE

All rights reserved

Simplified Chinese translation copyright © 2023 by Beijing Science and Technology Publishing Co., Ltd.

著作权合同登记号　图字：01-2018-2492

审图号：GS 京（2023）0996 号

**图书在版编目（CIP）数据**

有魔法的液体：石油的故事 /（日）大河内直彦著；（日）山福朱实绘；金成林译. —北京：北京科学技术出版社，2023.8

ISBN 978-7-5714-2832-7

Ⅰ. ①有… Ⅱ. ①大… ②山… ③金… Ⅲ. ①石油—儿童读物 Ⅳ. ① TE-49

中国国家版本馆 CIP 数据核字（2023）第 007036 号

| | |
|---|---|
| 策划编辑：肖　潇 | 电　话：0086-10-66135495（总编室） |
| 责任编辑：张　芳 | 　　　　0086-10-66113227（发行部） |
| 封面设计：沈学成 | 网　址：www.bkydw.cn |
| 图文制作：沈学成 | 印　刷：北京捷迅佳彩印刷有限公司 |
| 责任印制：李　茗 | 开　本：787 mm×1092 mm　1/16 |
| 出 版 人：曾庆宇 | 字　数：38 千字 |
| 出版发行：北京科学技术出版社 | 印　张：3 |
| 社　　址：北京西直门南大街 16 号 | 版　次：2023 年 8 月第 1 版 |
| 邮政编码：100035 | 印　次：2023 年 8 月第 1 次印刷 |
| ISBN 978-7-5714-2832-7 | |

定　价：49.00 元

# 有魔法的液体

## —石油的故事—

〔日〕大河内直彦◎著

〔日〕山福朱实◎绘

金成林◎译

北京科学技术出版社

100层童书馆

从石油中提炼出来的汽油可以让汽车在公路上行驶，从石油中提炼出来的重油可以让飞机在天上飞行，从石油中提炼出来的煤油可以用在煤油取暖器中让屋子变暖和。火力发电厂可通过燃烧石油来加热水以产生蒸汽，利用蒸汽的力量使大型汽轮机转动发电。

在漆黑的夜晚，我们能和家人在明亮的灯光下吃饭、看电视，这多亏了石油；我们能够乘飞机去遥远的国家买到稀奇的东西，也是石油的功劳。作为燃料，石油是我们生活中必不可少的。

现在用于发电的能源中，天然气占主要地位，它也是一种燃料。天然气的形成过程与石油的类似。

石油还有另外一种身份，它是制造很多东西的原料。制作我们穿的衣服和鞋、玩耍的球和跳绳，修建家里的墙壁或外面的道路，都会用到石油。我们身边很多东西的制造过程都离不开石油。

正常情况下，石油是一种棕黑色的黏稠液体。用手指蘸一点儿石油，捻一捻，会感觉它很光滑；闻一闻，会闻到稍刺鼻的味道。

石油是由很多成分混合而成的。同样是石油，开采的地点不同，各种成分的比例也略有不同，所以石油的颜色、黏度、气味等也有所不同。有的石油像黄油一样，有的石油是浅红色透明的液体。不管什么样子的石油，它的绝大部分成分都是油质。

日本新潟石油　　　　　越南石油

埃及石油

伊朗石油

7

石油深埋于地下。在某些储量丰富的地方，石油会自然渗透到地表，这些油很早就被人们发现，并被用来制作黏合剂或药物。

早在 4600 年前，苏美尔人制作雕像时所使用的黏合剂中就含有石油。

据《创世记》记载，为了防止挪亚方舟漏水，它的外侧被涂上了含有石油的物质。

古埃及人在制作木乃伊时，为了防止尸体腐烂也会用到石油。

9

　　不过，以前人们并不知道自己脚下埋藏着这么丰富的石油。人们照明一般用从油菜、芝麻、橄榄等植物的籽或果实中压榨出来的油，或者用由牛、猪、鲸等动物的脂肪炼出来的油。

　　后来，随着人口不断增长，人们的需求越来越大，消耗的油量也不断增加，从动植物中提取的油已经远远不能满足人们的需求。于是，开始有人尝试用地下渗出的油来照明。

现代的石油开采方法于 19 世纪中叶诞生于美国。

　　纽约人乔治·维塞尔在一次旅行中经过宾夕法尼亚州的一座小村庄时，无意间得知有油从地下渗出。他觉得那里油储量肯定丰富，于是雇了一位名叫埃德温·德雷克的人来开采。德雷克将管子打入油渗出的地方以开采地下的油。

　　当时，其他人做梦都没有想到地下会埋藏着这么多油，他们笑德雷克异想天开。但是，德雷克坚持将管子打入地下。他成功了——大量油从管口喷涌而出。

　　之后，世界各地的人都开始开采地下的这种油。为了和从动植物中提取的油区别开来，人们把这种从地下开采出来的油称为"石油"。

后来，人们发现地下埋藏的石油多得远远超出想象。源源不断地从地下开采出来的石油很便宜，很快就被卖到世界各地。开采石油的人都发了大财。当时，只要把管子打入地下，石油就像喷泉一样涌出，想发财的人都一窝蜂地去开采石油了。

　　石油最开始只用于照明或者作为做饭时的燃料。后来，石油开始被用作汽车、船、飞机，以及工业生产的燃料。人们从世界各地开采出了大量石油，所以燃料的价格不断下降。用灯来照亮漆黑的夜晚，对人们来说已不费吹灰之力，生活变得非常方便。

　　再后来，人们利用石油制造出很多东西，生活更方便了。五颜六色的染料也是用石油制成的，塑料、乙烯基等新材料也应运而生。

那么，石油究竟是怎么形成的呢？让我们先去大海里找找答案。

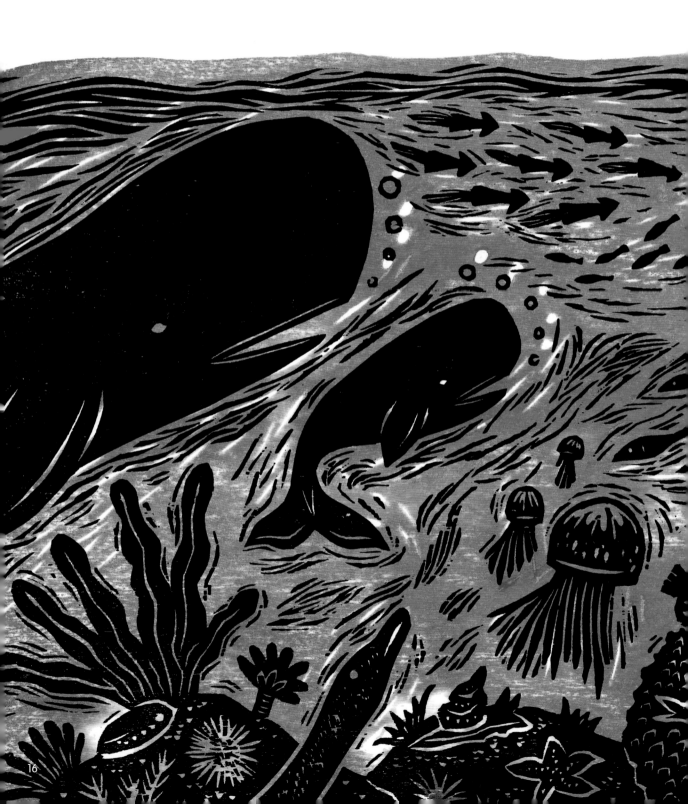

海里生活着很多生物，海洋的平均深度大约为 4000 米。阳光可以从水面照射到水深 200 米左右的地方，在这一区域生活着很多浮游植物——悬浮在浅水区的小生物。

浮游植物通过全身吸收阳光来进行光合作用以产生能量。这些能量是它们的生命之本。也就是说，它们体内储存着大量太阳能。

不过只要是生物，就会死亡。死亡的浮游植物在下沉到海底的过程中，大部分会被微生物吃掉。对微生物而言，死亡的浮游植物是能量丰富的食物。因此，死亡的浮游植物往往沉不到海底。

后来，地球上发生了一件大事，导致死亡的浮游植物大量沉积到海底。

在大约 1 亿年前的白垩纪时期，那时的大陆结构与现在的有很大不同：大西洋比现在的要小很多，太平洋比现在的更广阔，印度洋和地中海是连在一起的。陆地上生活着大量恐龙，海里游弋着体形巨大的乌贼和鹦鹉螺的祖先们。

那个时候，海底发生了大规模的火山爆发。大量滚烫的岩浆不断地从地球深处上升，导致更多的火山爆发，海底形成了巨大的高地。地下还喷出了大量含二氧化碳、硫酸等物质的气体，地球气候因此发生了剧变。

原先，大海深处的洋流不断向海中输送新鲜空气。地球气候发生剧变之后，洋流减弱，海水变得浑浊，海中的氧气也减少了。这导致以死亡的浮游植物为食的微生物因窒息而几近灭绝。这样，死亡的浮游植物得以沉到海底。

浮游植物虽然很小，但是积少成多，在数十万年的时间里，储存着许多太阳能的浮游植物在死后大量沉积在海底，形成了厚厚的淤泥——这种形成石油的原料就这样积聚到了海底。

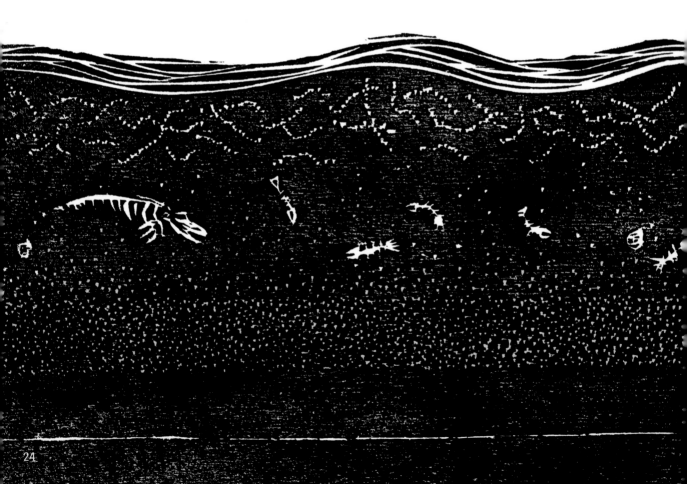

当时海面上生存着大量名叫蓝藻的浮游植物，它们是地球上最早能够进行光合作用的生物。平时它们很不起眼，但是因为生命力顽强，所以在其他生物很难生存、缺乏营养、浑浊的海里，它们仍能旺盛地生长、繁殖。在白垩纪时期的大海，这种现象持续了数十万年之久。

随着时间的流逝，越来越多的生物残骸、白色贝壳的化石沉积在海底的淤泥上面。

被埋在海底深处的淤泥在地热的作用下开始慢慢发生变化。经过了几百万年、几千万年的漫长岁月，不知何时，这层淤泥变成了石油。

石油形成之后，在巨大的压力下，会穿过泥沙颗粒的缝隙，慢慢向地面渗透。有些石油渗透到地表，有些则留在了地下。在缝隙小、石油无法渗透的地层下面，石油长时间聚集。聚集了很多石油的地方被称为"油田"。油田中的石油仍旧承受着高压，所以如果在那里朝地下打入管子，石油就会喷涌而出。

在海底形成的石油，为什么如今我们却能在陆地上大量开采出来呢？这是因为经过漫长的岁月，曾经的海底高地，变成了现在的陆地。

　　白垩纪时期的地层就像它的名字"白垩"（白土粉）一样，多是白色的。这是因为在那个时期，大量特别小的白色贝壳的化石沉积在海底。白色地层之间还夹杂着黑色地层，这种薄薄的、一碰就裂的黑色地层中就可能含有石油。

29

我们打开世界地图，来看看一些石油产区吧。缅甸到印度尼西亚一带，伊朗、沙特阿拉伯、科威特等国家所在的中东地区，地中海南部的埃及到摩洛

哥一带，非洲西海岸沿线，从加拿大的中西部地区经美国得克萨斯州直到墨西哥湾一带，以及委内瑞拉沿南美东海岸一直到巴西，都能开采出大量石油。

有石油产量丰富的国家，也有像日本这样几乎开采不出石油的国家。韩国、德国、法国、瑞典等国家同样几乎没有石油资源。这是因为这些地方的海水没有被阻断，死亡的浮游植物都被微生物吃掉了，无法沉积到海底形成厚厚的淤泥。

　　不过，这些国家也不是完全没有石油。在日本新潟、秋田附近的海岸，就分布着几座小油田。

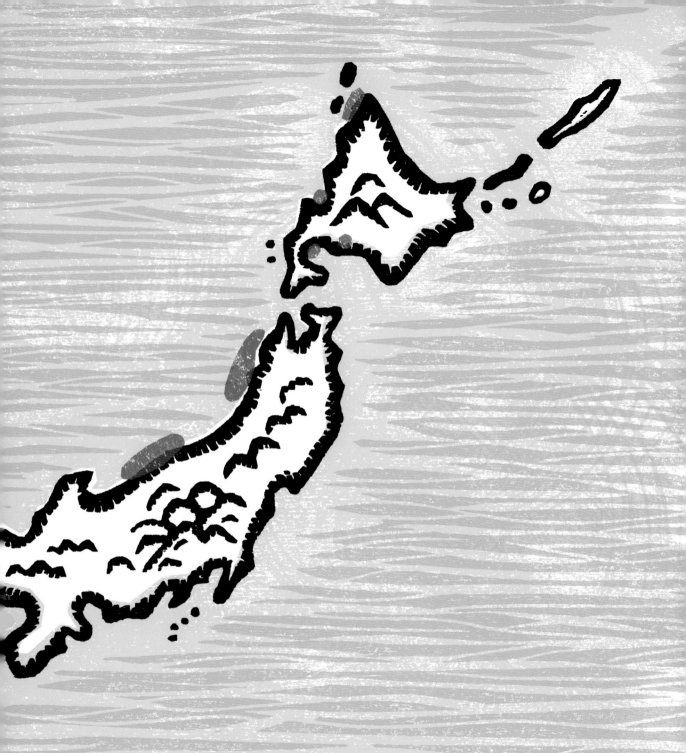

日本开采出的石油是白垩纪之后很久才形成的。在中新世时期，日本列岛还是亚欧大陆的一部分，当时大陆东端的火山频频爆发，之后日本列岛开始慢慢脱离亚欧大陆。

又过了数百万年，日本列岛和亚欧大陆之间形成了日本海。在现在的秋田到新潟的日本海沿岸地区，火山爆发和地壳运动导致该地区的海域变得更加细

## 2500 万年前

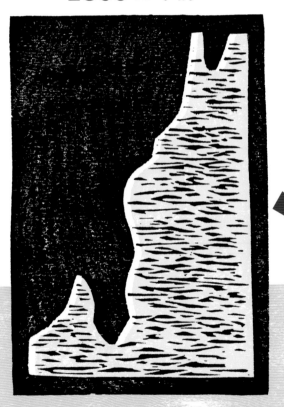

2500 万年前，日本列岛还是亚欧大陆的一部分。

## 1500 万年前

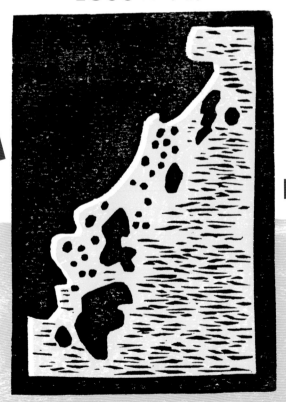

1500 万年前，大陆东端的火山频频爆发，导致现在日本海上的那块陆地慢慢脱离了大陆主体。

碎。这一片海域的洋流受阻，海中氧气变少，沉积了少量淤泥。这些淤泥被埋藏在地球深处，火山爆发带来了地热，淤泥受热后慢慢变成了石油。

所以，在这些地方能开采到少量石油。但是，这个储量还不及日本每天所需石油量的1%。日本使用的石油大部分是从阿拉伯国家或俄罗斯购买的。

500 万年前

日本列岛部分脱离了亚欧大陆。

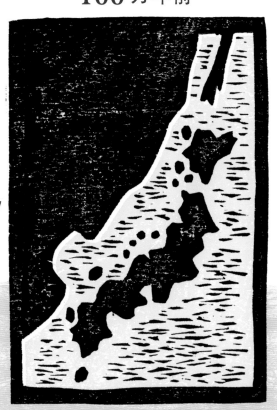

100 万年前

现在的日本列岛形成。

实际上，我们每天都要消耗大量石油。石油燃烧产生相应的能量，使生活更加便利。但是，这么做也有弊端。燃烧石油会产生大量二氧化碳，而二氧化碳会阻碍地球上的热量散失。

　　如果大气中的二氧化碳含量增加，那么热量就散发不出去，地球会变暖。南极、格陵兰岛的冰川会因此融化，海平面会上升，有些地方不再下雨，有些地方雨水增多。如果地球气候发生巨大的变化，我们的生活会变成什么样子呢？

石油的形成经过了超乎想象的漫长岁月。死去的蓝藻经过数十万年以上的漫长岁月沉入海底积存下来，像胶囊一样，把太阳能封存了一亿年。

储存在太古时代的浮游植物体内的太阳能让我们今天的生活更加便利。这么说来，石油的真面目其实是太古时代的太阳能！ *

* 石油还可能是地球远古时期海洋或陆地上的生物残骸形成的。
——编者注

# 后 记

大家见过石油吗?恐怕大多数人都没有见过,不过就像本书里写的一样,我们的生活被石油制品包围着。

如果你身在图书馆,可以看看周围:光滑的地板上的漆、图书馆管理员所坐的椅子上的漆、你现在拿在手上阅读的这本书所使用的油墨,这些都离不开石油。挂在你头上的电灯也和石油有关系。

石油就是这样一种和我们的生活密切相关的物质。了解了石油的形成过程后,再看平日看上去很平常的世界,是不是变得有些不同了?

地球有一种能力,它可以将太阳能以石油的形式储存起来。这种能力靠的是生物,尤其是植物。大家都知道"光合作用"吧?光合作用不光是植物生长所必需的,从地球整体来看,从几亿年的时间来看,光合作用也是储存能量的一种方法。

我们在地底下发现了这种"能量",并且挖掘出来进行利用,就像发现宝藏一样。

本书最后也提到了,石油和我们人类现在遇到的能源问题、地球变暖等重要的社会问题和环境问题有很大关系。如果从石油这个角度去解读电视中的新闻,我们或许会看到一个和以往不同的世界。从这个意义来讲,石油真是一种有魔法的液体。

大河内直彦

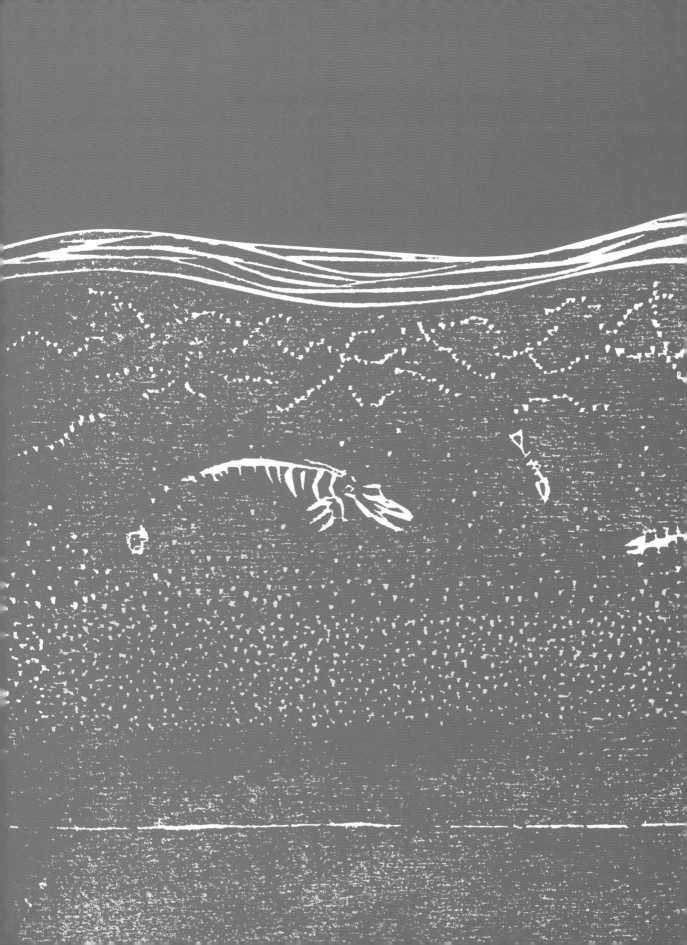